高等学校规划教材

Photoshop CS6
环境设计实例教程

耿 新 洪 樱 李 刚 编著

U0196156

中国建筑工业出版社

图书在版编目（CIP）数据

Photoshop CS6 环境设计实例教程 / 耿新，洪樱，李刚编著 .—北京：中国建筑工业出版社，2018.8（2020.12 重印）
高等学校规划教材
ISBN 978-7-112-22315-2

Ⅰ. ① P⋯ Ⅱ. ① 耿⋯ ② 洪⋯ ③ 李⋯ Ⅲ. ① 环境设计—计算机辅助设计—图像处理软件—高等学校—教材 Ⅳ. ① TU-856

中国版本图书馆 CIP 数据核字（2018）第 123739 号

　　本书从 Photoshop 计算机软件基础知识入手，以实际案例来讲解软件的使用技巧，具有较强的针对性，易读性，专业性。本书重点介绍了 Photoshop CS6 在环境设计实际案例中的应用。本书可供高等学校环境设计、建筑学等相关专业的师生使用。

责任编辑：聂　伟　王　跃
责任校对：李美娜

高等学校规划教材
Photoshop CS6 环境设计实例教程
耿　新　洪　樱　李　刚　编著
*
中国建筑工业出版社出版、发行（北京海淀三里河路9号）
各地新华书店、建筑书店经销
北京点击世代文化传媒有限公司制版
临西县阅读时光印刷有限公司印刷
*
开本：787×1092毫米　1/16　印张：6¾　字数：148千字
2018年8月第一版　2020年12月第三次印刷
定价：60.00元
ISBN 978-7-112-22315-2
（32210）

前　言

　　Adobe Photoshop 是当今环境设计中最流行的辅助计算机软件，主要用于效果图的后期处理，修饰效果图的缺陷部分，完善效果图的不足之处，使图像更具艺术美感。

　　本书分为3章，第1章重点介绍了Photoshop CS6的基础知识，包括操作界面，工具面板、图层面板和菜单栏；第2章为环境设计效果图常用技巧，通过阴影效果的制作、窗户环境的制作、漫射灯带的制作等实用案例进行介绍。第3章为环境设计效果图表现技法，用通俗易懂的方式介绍了室内平面图、景观平面图、室内效果图、景观效果图、实景拼接效果图在实际案例中的软件后期处理。

　　本书由西南民族大学耿新、洪樱、李刚编著。在编写的过程中，参考了相关著作、期刊及设计作品，在此向作者表示衷心感谢。本书可供高等学校环境设计、建筑学等相关专业师生使用。

　　由于编者水平有限，书中难免存在不足之处，敬请读者指正。

目　录

第1章 Photoshop CS6 概述

关　键　词：位图、基础工具。

学习任务：掌握 Photoshop CS6 的操作界面并熟悉软件的操作工具与操作命令。

1.1　Photoshop CS6 界面简介

Adobe Photoshop，简称"Ps"，是由 Adobe Systems 开发的图像处理软件。Photoshop 的主要功能在于图像处理，而该公司开发的软件"AI"则侧重于图像的制作。Photoshop 主要是对已有的位图图像进行编辑、修改、加工处理，以及增加一些特殊效果，其重点在于对位图图像的处理加工。该软件是环境设计专业主要的效果图后期制作软件。

本书以 Photoshop CS6 版本为例，以 Windows 系统为运行环境，重点介绍该软件在环境设计实际案例中的应用。

1.1.1　像素与位图

在 Ps 中，像素是组成图像的基本单元。一个图像由许多像素组成，每个像素都有不同的颜色值，单位面积内的像素越多，分辨率（ppi）就越高，图像的效果越好。每个小方块为一个像素，也可称为栅格。

位图是由像素组成的，也称为像素图或者点阵图，图的质量是由分辨率决定的。像素越高，图像质量越清晰。矢量图的组成单元是描点和路径。无论放大多少倍，它的图像显示质量都不会发生改变，如图 1-1 所示。

（高像素）　　　　　　　　　　　　　　　　（低像素）

图 1-1　位图放大前后效果对比

1.1.2 Photoshop CS6 工作环境

双击启动 Photoshop CS6 软件进入 Photoshop CS6 操作主界面。Photoshop CS6 的主界面主要包含菜单栏、属性栏（选项栏）、工具面板和操作调板组成，如图 1-2 所示。

图 1-2　工作环境界面

1.1.3 菜单栏

菜单栏为整个环境下所有窗口提供菜单控制，包括：文件、编辑、图像、图层、文字、选择、滤镜、视图、窗口和帮助 10 项，如图 1-3 所示。Photoshop 中可通过两种方式执行所有命令，一是菜单，二是快捷键。

图 1-3　菜单栏

1.1.4 属性栏

属性栏（选项栏）主要是显示工具栏中所选工具的选项信息，不同的工具显示不同的属性选项。图 1-4 为选择工具下的属性栏显示。

图 1-4　选择工具下的属性栏

1.1.5　工具面板

工具面板，也称为工具箱，如图 1-5 所示。Photoshop 中对图像的修饰以及绘图等工具，都从这里调用，拖动工具箱面板，可移动工具箱。有些工具的右下角有一个小三角形符号，这表示在工具位置上存在一个工具组，点击小三角符号可以扩展出若干相关工具。

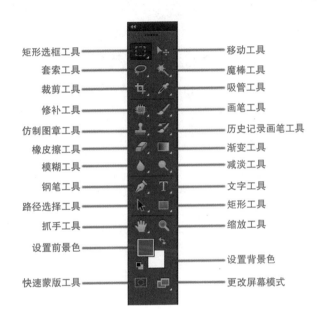

图 1-5　工具面板

1.1.6　操作调板

Photoshop 工作界面右侧为操作调板，点击 ◀◀ 符号可以展开面板，显示制作需要的各种常用调板，如图 1-6 所示。

图 1-6　操作调板

1.2　Photoshop CS6 工具面板

工具面板是 Photoshop 最基础的命令工具，掌握各项工具命令是学好 Photoshop 辅助设计的首要前提。

1.2.1　选择类工具

Ps 可以针对不同的对象区域进行限定性选择，用以对图像特定区域进行编辑。选择类工具包括选框工具组、套索工具组、魔棒工具组，如图 1-7 所示。

图 1-7　选择类工具

矩形选框工具与椭圆选框工具用于框选方形与圆形区域，在绘制的同时按住【Shift】键，可以实现正方形与正圆的绘制。单行选框工具与单列选框工具用于选择一个像素的行与列。

技巧提示：

用选框工具选定一个区域以后，按【Shift】键再次选择另外区域可实现区域加选，按【Alt】键为减选。按【Ctrl+D】键为取消当前所选。

套索工具组可以针对不规则区域进行选择，执行套索工具 ⌾ 按住鼠标左键不放的同时在选择对象上自由绘制，完成后松开鼠标，选区自动闭合，并形成自由选择区域。

执行多边形套索工具 ⩔ 可根据需要自由选择图像轮廓范围进行勾选，如图 1-8 所示。

图 1-8　多边形套索工具自由勾选对象

磁性套索工具可以自动选择对象的轮廓，但仅限于选择对象背景较为整洁的图片，如图 1-9 所示。

图 1-9　磁性套索工具勾选对象

　　魔棒工具组是利用色彩范围进行选择的工具。使用魔棒工具 可以选择色彩较一致的颜色区域作为选定对象。选用魔棒工具点击图像得到选区，按住【Shift】键继续用魔棒工具加选其他对象，如图 1-10 所示。

图 1-10　魔棒工具选取对象

　　使用快速选择工具 在需要选定的图像上按住鼠标左键进行涂抹，可以选定相似颜色范围的对象区域，按住键盘中的"【"键可以增大笔头，反之按住"】"键可减小笔头，如图 1-11 所示。

图 1-11　快速选择工具选取对象

1.2.2 绘图类工具

Photoshop CS6 绘图类工具由画笔工具、铅笔工具、颜色替换工具、混合器画笔工具、渐变工具、油漆桶工具、仿制图章工具、图案图章工具组成，如图 1-12 所示。

图 1-12　绘图类工具

使用画笔工具 ✐ 可在图层上绘制柔性笔触效果，其绘制是由鼠标左键控制自由绘制，同时配合前景色工具 ▣ 可以绘制不同颜色的笔触效果。画笔工具需要配合画笔工具属性栏使用，即编辑画笔的笔尖艺术效果、笔尖大小、笔触痕迹与底图的混合模式、笔触与底图的透明度大小和画笔绘制的流量大小，如图 1-13 所示。

图 1-13　画笔工具属性栏

技巧提示：
在选用画笔工具的时候，按住键盘"【"或"】"键可以更改笔尖的大小。当键盘为 CapsLock 大写锁定情况，此时快捷键不可用。

使用铅笔工具 ✐ 可在图层上模拟硬笔笔触效果，其使用方法与画笔工具类同。

技巧提示：
在选用画笔工具与铅笔工具时，按住键盘【Alt】键可以吸取图像中的颜色变为画笔的使用色。按住【Shift】键的同时绘制可锁定笔刷绘制直线效果。

使用颜色替换工具 ✐ 可更改图像的颜色，配合前景色工具，选取适合的颜色涂抹于对象上可实现对图像的颜色替换，如图 1-14 所示。

图 1-14　当前景色为蓝色，使用颜色替换工具后的效果

使用混合器画笔工具 可对绘制对象中的所有颜色进行混合绘制效果。

油漆桶工具 可以对图层进行颜色的填充，常在使用时通过选取前景色的颜色来填充选定区域色彩，如图 1-15 所示。

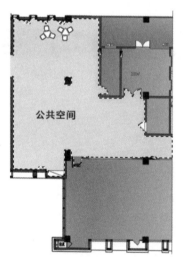

图 1-15　配合魔棒工具使用油漆桶对公共空间区域进行颜色填充

在油漆桶工具属性栏中，可以选择【前景色】或者【图案】填充。如果选用【图案】模式，可选择系统自带图案进行填充。

使用渐变工具可以对图像区域进行过渡效果的填充，如图 1-16 所示。

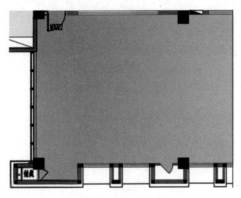

图 1-16 渐变填充效果

在渐变工具 ■■■■■ 属性栏中渐变类型依次分为线性渐变、径向渐变、角度渐变、对称渐变和菱形渐变。绘制时可根据图像需要选择适合的渐变类型。

通过点击渐变属性栏中的 ■■■■■ 渐变编辑器可以设置渐变效果和自定义渐变颜色。

仿制图章工具 ▨ 的作用是对图像某一区域的图像进行复制，并应用到其他区域。使用时，先按住【Alt】键不放，鼠标左键点击复制区域，松开【Alt】键，在需要复制的区域按住鼠标左键涂抹，便可实现区域图案的复制。

技巧提示：
使用仿制图章工具时，按键盘中的"【"或"】"键可控制复制图章内容的大小。

使用图案图章工具 ▨ 点击属性栏的 ▢ 图案拾色器，可选择系统自带的图案进行绘制。

1.2.3 修改类工具

1. 修改类工具
Photoshop CS6 修改类工具主要针对效果图的后期修改润色，如图 1-17 所示。

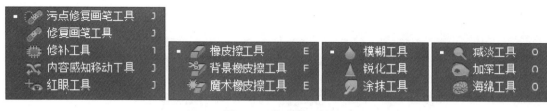

图 1-17　修改类工具

　　污点修复画笔工具 可以快速由电脑自动处理掉图像上的污点或瑕疵，操作时按住鼠标左键涂抹污点区域，可自动完成图像的修复。

　　修复画笔工具 的使用类似于仿制图章，与其不同的是会对原复制图像与修改图像进行自动修复。

　　修补工具 可以选择自定的图像区域去修补其他图像区域，电脑自动完成区域修补，如图 1-18 所示。

图 1-18　修补工具

　　内容感知移动工具 可以精确地移动效果图中的某个对象，达到对图像修改的目的，如图 1-19 所示。

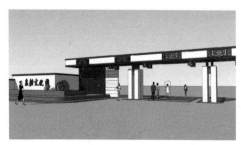

图 1-19　内容感知移动工具

红眼工具 适用于人像摄影，修改照片中人像的红眼瑕疵。

橡皮擦工具 可以擦除图像的像素内容。擦除的像素有两种情况，若该图像只有背景图，橡皮擦擦除部分显示为透明区域，若该图像有背景图层，擦除部分显示为下一层图像。

背景橡皮擦工具 可以直接擦除图像背景图层，擦除部分直接显示出透明区域，如图 1-20 所示。

图 1-20　背景橡皮擦工具

魔术橡皮擦工具 可以擦除同一相近像素的图像，如图 1-21 所示。

图 1-21　魔术橡皮擦工具

模糊工具  可直接对图像施加模糊效果，如图 1-22 所示。

图 1-22　模糊工具

锐化工具 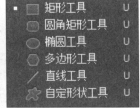 可直接对图像施加锐化效果，使用方法与模糊工具相同。

涂抹工具  可对图像像素进行移位，造成图像扭曲。

减淡工具 可擦亮图像的明度。属性栏中可以选择分别对图像的中间调、阴影和高光进行提亮。

加深工具 可降低图像的明度，使用方法与减淡工具相同。

海绵工具 可更改图像的色彩饱和度。属性栏模式中有降低和增加两种修改方式。

2. 矢量类工具

Photoshop CS6 矢量类绘图工具主要用于图像路径的制作，适合图像中复杂、细致对象区域的选取与绘制，如图 1-23 所示。

图 1-23　矢量工具组

钢笔工具 可根据锚点逐步勾勒出图像中需要的对象形状。当用钢笔工具勾勒完成对象，在属性栏中可以点击建立选区或建立形状。也可使用鼠标右键单击已勾勒的对象，选择建立选区，或者填充路径，如图 1-24 所示。

图 1-24　钢笔工具选区制作

　　自由钢笔工具 ![]使用时可按住鼠标左键自由绘制，点击属性栏中的磁性选项，勾选方式与磁性套索工具相似。

　　添加锚点工具 ![]与删除锚点工具 ![]可从已经绘制好的路径中添加或删除锚点。

　　转换点工具 ![]可以让锚点在平滑点和角点之间互相转换，也可以使路径在曲线和直线之间相互转换。

　　形状工具组用于绘制规则的矢量图形，包括矩形、圆角矩形、椭圆工具等。

　　路径选择工具 ![]可以直接点取路径进行移动或删除锚点。

　　直接选择工具 ![]可以单独对路径中的锚点进行修改。

1.2.4　文字类工具

　　Photoshop CS6 的文字工具组可在图像中添加文字并进行编排，如图 1-25 所示。

图 1-25　文字工具组

　　横排文字工具Ｔ使用时，可以在图像中放置文字的位置点击鼠标进行拼写，也可以拖拽出文字框进行创建，如图 1-26 所示。当所有文字编辑完成后，需要点击属性栏中✓确认创建。也可以点击工具栏中的移动工具命令创建。在文字属性栏内可以对已创建的文字进行字体样式、字体大小、排列方式和字体颜色等的编辑。

环境**艺术设计**

图 1-26　文字创建

　　直排文字工具Ｔ可以编辑出竖排的文字效果，操作方法与横排文字相同。

　　横排文字蒙版工具▓使用时可以把编辑好的文字转变成选区。直排文字蒙版工具以竖排文字进行编排，操作上与横排文字蒙版工具相同。

1.2.5　辅助类工具

　　辅助类工具如图 1-27 所示。

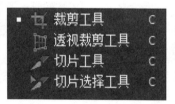
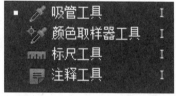

图 1-27　辅助类工具

　　Photoshop CS6 中，拾色器工具▓主要用来设置图像的颜色。拾色器由四个部分组成："设置前景色"（默认为黑色）、"设置背景色"（默认为白色）、"切换前景色和背景色"和"默认前景色和背景色"。按键盘【X】键可在前景色与背景色间切换，按【D】键可恢复到默认颜色。点击拾色器上的"设置前景色"按钮，打开"拾色器（前景色）"对话框，此时，可在框内自由选择需要的色彩，如图 1-28 所示。

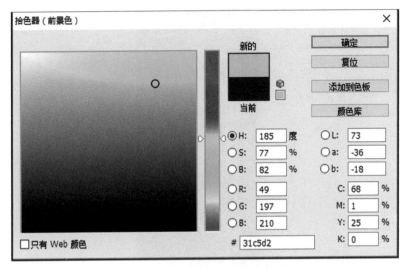

图 1-28　"拾色器"对话框

吸管工具 ![]可以吸取图像中的任意颜色变成当前编辑色彩。

颜色取样器工具 ![]可以同时吸取最多 4 个不同地方的颜色，在信息面板可以查看每个取样点的颜色数值。有了这些数值我们可以判断图片是否有偏色或颜色缺失等，方便校色及对比。

标尺工具 ![]可以调出操作界面的标尺，方便对照图像制作尺寸。

注释工具 ![]可在图像制作中加入文字注释与作者信息。

裁剪工具 ![]可以对图像实现任意大小的矩形剪裁。

切片工具 ![]可以分解图片，把对象图片切成需求的小图片。

缩放工具 ![]可以放大缩小图像，方便查看。默认为放大选项，按住【Alt】键可缩小显示。

抓手工具 ![]用于在操作背景中移动图像，实际操作中多配合空格键使用抓手工具。

1.3　Photoshop CS6 图层面板

Photoshop CS6 图层面板是其制作中的核心工具。图层如同透明的拷贝纸，在拷贝纸上画出图像，并将它们一层一层叠加在一起，就可得到图像的组合效果。

图层的管理和编辑操作都是在"图层面板"中实现的。如新建图层、删除图层、设置图层属性、添加图层样式以及图层的调整编辑等。点击【窗口】—【图层】命令，打开图层面板，如图 1-29 所示。

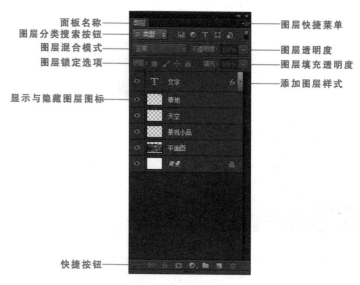

图 1-29　图层面板

创建新图层：点击图层面板底部图标，或按【Ctrl+Shift+N】键进行创建，如图 1-30 所示。

图 1-30　新建图层

复制图层：在图层面板中点选要复制的图层，直接拖动到 ■ 图标上，即可实现当前图层的复制，也可按住【Alt】键向下拖动要复制的图层实现对当前图层的复制。

技巧提示：

若要选中多个图层，可以按住【Ctrl】键进行加选。直接在图层面板中拖动图层，也可更改图层的顺序。

图层合并：可以点击图层快捷菜单中的合并图层选项进行操作；可以合并一层，也可以合并所有可见图层为一个图层。

删除图层：可以点击图层快捷菜单中的删除选项，也可以拖动要删除的图层到图层面板底部🗑按钮。

图层样式：提供了对图层添加投影、内阴影、浮雕等特效图层样式。双击要赋予样式的图层进入编辑菜单，也可以点击图层面板底部 _fx_ 按钮打开编辑器，如图 1-31 所示。

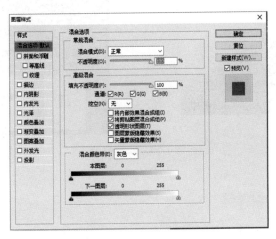

图 1-31 图层样式编辑器

图层混合模式：可以使图像实现混合合成的特殊效果，通过选择改变可以实现图像的混合效果，如图 1-32 所示。

图 1-32 图层混合模式

图层蒙版：是由黑色、灰色、白色来控制的对图层对象进行显示与隐藏的工具。在蒙版的状态下，涂上黑色，图像为隐藏状态；涂上白色，图像为显示状；涂上灰色，图像为半透明，如图 1-33 所示。

图 1-33　蒙版效果

1.4　Photoshop CS6 菜单栏

Photoshop CS6 菜单栏由文件、编辑、图像、图层、文字、选择、滤镜、视图、窗口等组成。

文件菜单主要涉及制作图像文件的打开、存储、关闭和打印等基本命令。其中"另存为"是在制作文件的基础上再存一个文件，存储目录得到两个文件。

技巧提示：

打开文件的时候可以直接拖拽目标文件至 Ps 中。

1. 编辑菜单

编辑菜单主要提供图像的辅助制作工具。还原：其作用是使操作结果退回到上一步的状态，常配合【Ctrl+Z】键使用。

渐隐：只对上次操作命令有效，适当还原上次的操作结果。包括画笔、填充、图像调整、滤镜等。其以不透明度来控制，不透明度数越低，还原值越大。

剪切：减去选取图像至系统剪贴板，配合粘贴工具使用。

合并拷贝：复制所有可见图层信息，包括锁定图层。

原位粘贴：复制位置与粘贴位置一致。

贴入：复制图像贴入选择的选区内，选区外图像以蒙版状态覆盖，如图 1-34 所示，把图像复制到电视屏幕内。全选复制目标图像，再为电视屏幕制作出选区，执行贴入命令（快捷键为【Ctrl+Shift+Alt+V】），移动缩放图像到电视屏幕大小合适完成贴入效果。

图 1-34　为电视屏幕制作贴入效果

清除：删除所选内容，选区或是图像。

填充：为图像选区填充指定的颜色或者图案，快捷键为【Shift+F5】，如图 1-35 所示。

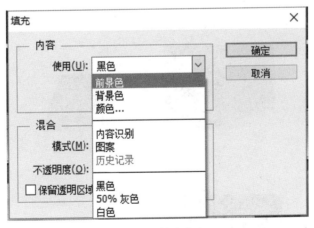

图 1-35　填充命令

描边：为图像选区制作边框像素，描边粗细由像素大小数值控制。描边位置包括内部、居中、居外，如图 1-36 所示。

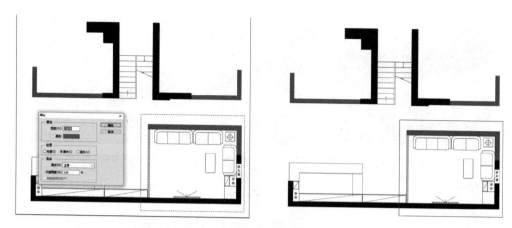

图 1-36　为选区添加描边命令

　　自由变换：自由灵活更改图像的大小、形状、透视，配合【Ctrl】、【Shift】、【Alt】键使用，如图 1-37 所示。按【Ctrl+T】键为图像执行变换命令。

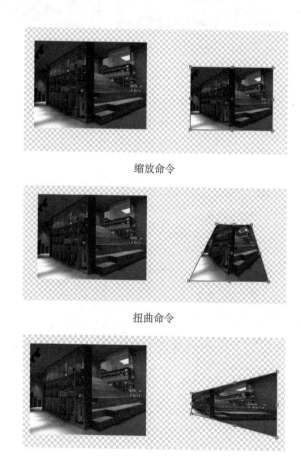

缩放命令

扭曲命令

透视命令

图 1-37　为图像添加变换命令

自动对齐图层：针对已链接图层执行自动对齐，如图 1-38 所示。

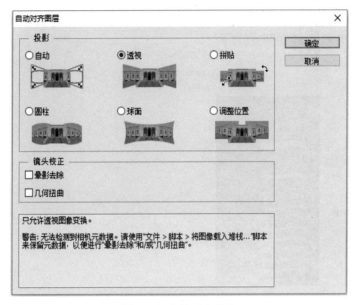

图 1-38　自动对齐命令

自动混合图层：针对已链接图层执行图层混合效果，如图 1-39 所示。

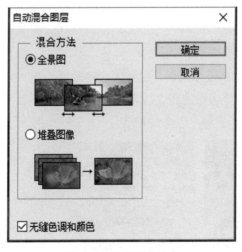

图 1-39　自动混合命令

定义画笔预设：把图像选区制作成画笔图案，在画笔工具中选择预设好的画笔笔尖，即可以预定的图像进行绘制，如图 1-40 所示。

图 1-40　把画笔预设成文字

定义图案：把选区图像定义成图案，与定义画笔操作相同。

2. 图像菜单

菜单栏中的图像菜单主要针对图像模式、色彩、图像大小等进行编辑。

模式：Ps 提供了几种图像显像效果，其分类有索引颜色、灰度、RGB 颜色、CMYK 颜色等。一般制图显示选用 RGB 颜色模式。

调整：主要是对图片色彩进行调整，包括图片的颜色、明暗关系和色彩饱和度等。

亮度 / 对比度：用于调整图像的亮度与对比度，如图 1-41 所示。

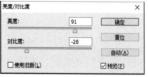

图 1-41　为图像执行亮度饱和度命令

色阶：调整图像的阴影、中间调和高光的强度级别，从而校正图像的色彩平衡和色调范围，如图 1-42 所示。

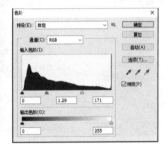

图 1-42　为图像执行色阶命令

曲线：调整图像中任意指定位置的明暗对比度，可以调整图像的整体色调，如图 1-43 所示。

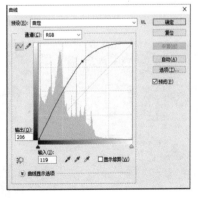

图 1-43　为图像执行曲线命令

曝光度：调整照片的高光区域，可以使照片的高光区域增强或减弱。

色相/饱和度：调整图像的色彩及色彩的鲜艳程度，还可调整图像的明暗程度，如图1-44所示。

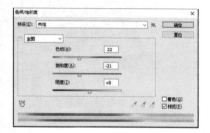

图1-44　色相/饱和度命令

色彩平衡：可以改变图像颜色的构成，如图1-45所示。

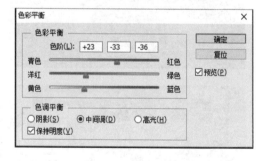

图1-45　色彩平衡命令

黑白：把彩色图像去色为黑白，如图 1-46 所示。

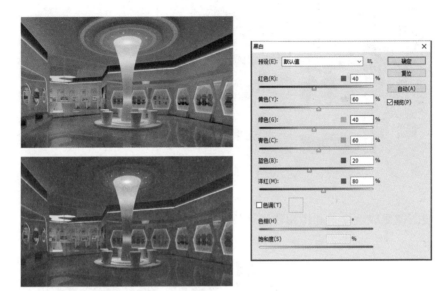

图 1-46　黑白命令

照片滤镜：模拟相机镜头前滤镜的效果来进行色彩调整，该命令还允许选择预设的颜色以便向图像应用色相调整，如图 1-47 所示。

图 1-47　照片滤镜命令

通道混合器：利用图像内现有颜色通道的混合来修改目标颜色通道，从而实现调整图像颜色的目的，如图 1-48 所示。

图 1-48　通道混合器命令

反相：使图像变成负片，制作相片底版效果，如图 1-49 所示。

图 1-49　反相命令

色调分离：可以指定图像中每个通道的色调级或者亮度值的数目，分离图像色调，如图 1-50 所示。

图 1-50　色调分离命令

阈值: 将彩色图像转换成高对比度的黑白图像, 如图 1-51 所示。

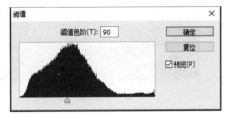

图 1-51　阈值命令

渐变映射: 将预先设置的渐变效果加于图像上, 如图 1-52 所示。

图 1-52　渐变映射命令

　　可选颜色：有选择地修改图像原色中色彩的数量，而不会影响任何其他原色。如图 1-53 所示，修改图中红色的颜色组成数量。

图 1-53　可选颜色命令

　　阴影 / 高光：修改图像内的阴影或高光区域变亮或变暗，如图 1-54 所示。

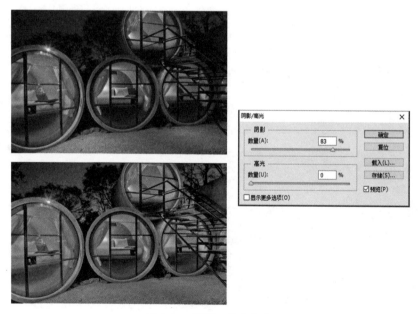

图 1-54　阴影 / 高光命令

HDR 色调：可用来修补太亮或太暗的图像，制作出高动态范围的图像效果，如图 1-55 所示。

图 1-55　HDR 色调命令

变化：通过显示图像的缩览图，直观地调整图像的色彩平衡、对比度和饱和度，如图 1-56 所示。

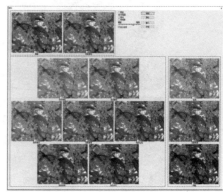

图 1-56　变化命令

去色：去除图像的色彩使之变成灰度图像。其快捷键为【Ctrl+Shift+U】，如图 1-57 所示。

图 1-57　去色命令

　　匹配颜色：将一个图像的颜色与另一个图像中的色调相匹配。在 Ps 中打开两幅图像，点击【图像】—【调整】—【匹配颜色】，在对话框中设置好目标图像、图像选项参数，在图像统计源编辑栏选择要载入的文件名称。可得到目标图像颜色与源图像颜色相混合的效果，如图 1-58 所示。

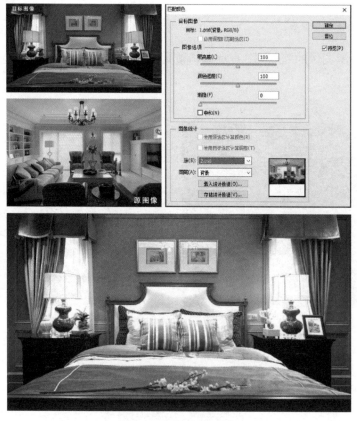

图 1-58　匹配颜色命令

替换颜色：用指定色彩替换图像中某一色彩，如图 1-59 所示。

图 1-59　替换颜色命令

色调均化：按照灰度重新分布对比度，将图像中最亮的部分提升为白色，最暗部分降低为黑色，如图 1-60 所示。

图 1-60　色调均化命令

自动色调：将红色绿色蓝色 3 个通道的色阶分布扩展至全色阶范围，自动调整图像色调，如图 1-61 所示。

图 1-61　自动色调命令

自动对比度：自动调整图像对比度，使明度更亮，暗部更暗，如图 1-62 所示。

图 1-62　自动对比度命令

自动颜色：自动调整图像的色彩显示效果，如图 1-63 所示。

图 1-63　自动颜色命令

3. 选择菜单

菜单栏中的选择菜单主要针对图像选区进行编辑，包括选择、扩大选取、载入选区、存储选区等，如图 1-64 所示。

图 1-64　选择菜单

全部：全部命令快捷键为【Ctrl+A】，可选中全部图像。

取消选择：取消图像中的选区选择。

反向：选取已选中图像内容之外的其余图像。

所有图层：选中全部图像中的图层。

查找图层：可按照图层名称找到需要的图层。

色彩范围：按照色彩归类为图像制作选区。

修改：由边界、平滑、扩展、收缩、羽化命令组成，如图 1-65 所示。使用边界可以在选定的选区上以像素大小值为基础制作一个收边选区。平滑命令依据像素大小对选区进行平滑。扩展和收缩命令是针对选区进行向外和向内的范围更改。羽化命令可以使选区边缘的过渡更柔和。

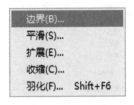

图 1-65　修改组

扩大选取：使用扩大选取命令，可以将包含所有位于魔棒选项中指定容差范围内的相邻像素选中。

选取相似：当制作一个选区后，用此命令可以选取包含整个图像中位于容差色彩范围内的所有图像像素。

变换选区：在选区的边框上添加变换框，与自由变换命令相同。

载入选区：可以将指定图层或通道的选区载入图像。

存储选区：可以将选区存储为 Alpha 通道，如图 1-66 所示。

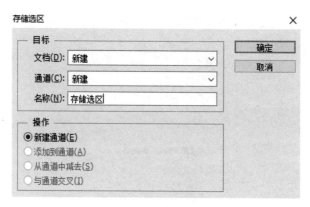

图 1-66　存储选区

4. 滤镜菜单

滤镜菜单中的功能是为图像制作常见的特殊效果，由滤镜库、自适应广角、镜头校正、液化、油画、消失点和风格化等滤镜组成，如图 1-67 所示。

图 1-67　滤镜菜单

滤镜库：可对当前编辑图像同时应用多种相同或不同滤镜特殊效果，如图 1-68 所示。

图 1-68　滤镜库

自适应广角：用来纠正摄影中出现的广角变形。将图像指定的线条变成直线，从而完成校正变形的目的。

镜头校正：对相机镜头的测量自动校正，消除镜头变形。

液化：对图像进行类似液化的变形处理。使用鼠标左键执行液化工具后在图片上涂抹，如图 1-69 所示。

图 1-69　液化

油画：对图像进行油画效果的处理，如图 1-70 所示。

图 1-70　油画

消失点：对图像透视效果进行自动识别复制，如图 1-71 所示。给亭子补全透视立面柱子，打开"图像"执行"消失点"命令，并用【创建平面工具】框出源透视柱，红色为错误选区，蓝色为正确，点击【选框工具】双击蓝色选框，按住【Alt】键进行透视复制。

图 1-71　消失点

风格化滤镜由查找边缘、等高线、浮雕、扩散等效果组成，主要为图像提供艺术效果的制作。

查找边缘：突出图像的边缘效果，如图 1-72 所示。

图 1-72　查找边缘效果

风：制作风吹效果，有大、中、小三个层次可选择，如图 1-73 所示。

图 1-73　风效果

浮雕：为图像制作模拟浮雕效果，如图 1-74 所示。

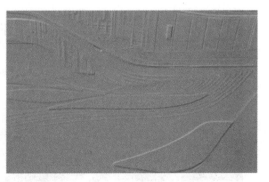

图 1-74　浮雕效果

扩散：使图像分散聚焦，产生粗糙的边缘效果，如图 1-75 所示。

图 1-75 扩散效果

拼贴：利用拼贴数量跟位移百分比制作出纸张破碎的效果，如图 1-76 所示。

图 1-76 拼贴效果

突出：做出立体化图像效果，如图 1-77 所示。

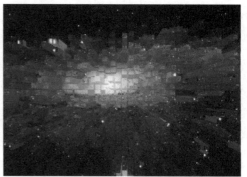

图 1-77 突出效果

模糊滤镜集合模拟了现实中的一些图像模糊效果，使图像显示模糊柔和，包括：场景模糊、光圈模糊、倾斜模糊等。

场景模糊：可以手动添加模糊点控制图像模糊的位置，如图 1-78 所示。

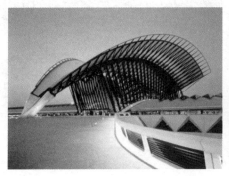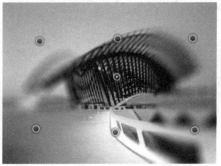

图 1-78　场景模糊

光圈模糊：模拟摄影中的光圈模糊效果，如图 1-79 所示。

图 1-79　光圈模糊

倾斜模糊：模拟移轴模糊效果，如图 1-80 所示。

图 1-80　倾斜模糊

表面模糊：制作柔和的图像模糊效果，并保留图像边缘，如图 1-81 所示。

图 1-81　表面模糊

动感模糊：为图像模拟动态的模糊效果，如图 1-82 所示。

图 1-82　动感模糊

高斯模糊：类似表面模糊效果，比其稍显粗糙的模糊效果，如图 1-83 所示。

图 1-83　高斯模糊

扭曲滤镜的功能是模拟物理化表面的变形扭曲效果，包括波浪、球面化、水波。

波浪：模拟水面波浪的效果，如图 1-84 所示。

图 1-84　波浪扭曲

球面化：模拟球面鼓出的扭曲效果，如图 1-85 所示。

图 1-85　球面化扭曲

水波：模拟水面波纹涟漪效果，如图 1-86 所示。

图 1-86　水波扭曲

锐化滤镜的功能是对图像进行细节对比度的增强,使图像效果锐利清晰,包括 USM 锐化、锐化、锐化边缘等。

USM 锐化:加强图像边缘的细节对比度,使得图像整体锐利清晰,如图 1-87 所示。

图 1-87 USM 锐化

锐化:轻度锐化效果,如图 1-88 所示。

图 1-88 锐化

锐化边缘:只锐化图像的边缘,同时保留图像总体的平滑度,如图 1-89 所示。

图 1-89 锐化边缘

智能锐化：在多种选项下使图像锐化效果更细腻，如图 1-90 所示。

图 1-90　智能锐化

像素化滤镜可以使图像呈现色块组合效果，包括彩块化、彩色半调、点状化等。
彩块化：使图像相近像素融合成色块，形成彩块化效果，类似水彩效果，如图 1-91 所示。

图 1-91　彩块化

彩色半调：依据像素做出半调网屏效果，并用原点显示，如图 1-92 所示。

图 1-92　彩色半调

点状化：可以使相近有色像素结为纯色多边形，如图 1-93 所示。

图 1-93　点状化

晶格化：与点状化功能相似，不同之处在于点状化滤镜在晶块儿之间产生空隙，空隙内用背景色填充，如图 1-94 所示。

图 1-94　晶格化

马赛克：使图像模拟马赛克效果，如图 1-95 所示。

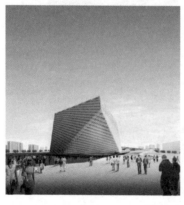 

图 1-95　马赛克

碎片：使图像模拟碎片的分裂效果，如图 1-96 所示。

图 1-96　碎片

铜板雕刻：使图像模拟铜版纸上的雕刻效果，有精细点、短直线等效果可供选择，如图 1-97 所示。

图 1-97　铜板雕刻效果

渲染滤镜包括分层云彩 、光照效果、镜头光晕、纹理填充和三维变换等。

分层云彩：结合前景色与背景色生成随机云彩效果，如图 1-98 所示。

图 1-98　分层云彩

光照效果：通过多种选项调节模拟制作出图像的三维光照效果，如图 1-99 所示。

图 1-99　光照效果

镜头光晕：模拟相机镜头的光折射现象，如图 1-100 所示。

图 1-100　镜头光晕

纤维：结合前景色与背景色的混合模拟纤维效果，如图 1-101 所示。

图 1-101　纤维

杂色滤镜由减少杂色 、蒙尘与划痕、添加杂色、中间值等滤镜组成。

减少杂色：去除图像中的杂色，如图 1-102 所示。

图 1-102　减少杂色

蒙尘与划痕：更改图像中相异的像素来减少杂色。

添加杂色：给图像随机添加像素杂点，如图 1-103 所示。

图 1-103　添加杂色

　　中间值：通过混合图像中像素的亮度来减少图像中的杂色，如图 1-104 所示。半径越大像素越混合，图像越模糊。

图 1-104　中间值

　　其他滤镜由高反差保留、位移、最大值、最小值等滤镜组成。
　　高反差保留：以色彩边缘来概括显示图像，如图 1-105 所示。

图 1-105　高反差保留

　　位移：使图像在画面上移动，如图 1-106 所示。

图 1-106　位移

最大值：扩大图像中的亮区，缩小图像中的暗区，如图 1-107 所示。

图 1-107　最大值

最小值：缩小图像中的亮区，扩大图像中的暗区，如图 1-108 所示。

图 1-108　最小值

第2章 环境设计效果图常用技巧

关 键 词：技巧与实践。

学习任务：学习使用常用工具并配合快捷键完成环境设计效果图中的局部修改。

2.1 阴影效果的制作

步骤一：拖拽人物图层到【创建新图层】图标上对人物图层进行复制，得到人物副本图层，如图 2-1 所示。

图 2-1 复制图层

步骤二：使用魔棒工具配合鼠标右键弹出的【选取相似】命令在人物副本图层上为人物图像制作选区，如图 2-2 所示。

图 2-2 选区制作

步骤三：在人物副本图层中按【Ctrl+U】键调出【色相／饱和度】命令，调整图像明度参数至人物图像变成黑色，如图 2-3 所示。

图 2-3　明度调整

步骤四：改变图层顺序，拖动人物副本图层至人物图层下方，按【Ctrl+T】键，按住鼠标左键和【Ctrl】键并拉动图像，调整成投影位置，如图 2-4 所示。

图 2-4　阴影效果

步骤五：使用【减淡工具】，在投影的远处涂抹，制作阴影的虚实关系，完成阴影的制作，如图 2-5 所示。

图 2-5 最终效果

2.2 窗户环境的制作

步骤一：用多边形套索工具选择窗户玻璃范围，按【Ctrl+J】键，复制选定区域为新的图层并将其命名为窗户，如图 2-6 所示。

图 2-6 复制窗户图层

步骤二：打开一张准备好的室内图像，按【Ctrl+A】键全选后，按【Ctrl+C】键复制，转到场景文件中，按住【Ctrl】键的同时点击窗户图层选中选区，执行【Ctrl+Alt+Shift+V】

贴入复制的图像，执行【Ctrl+T】调整图像的比例大小。拖动图层到窗户图层下方，并把窗户图层不透明度调整为50%，如图2-7所示。

图2-7　贴入图像

　　步骤三：继续为窗户添加室外环境反射内容，再次执行【全选】、【复制】、【贴入】命令，把树贴入窗户中，并调整图像的大小比例关系，使其在合适的位置，如图2-8所示。

图2-8　贴入反射

　　步骤四：对反射图像执行【Ctrl+U】命令调整其明度，并调整图层的不透明度，完成后的效果如图2-9所示。

图 2-9　最终效果

2.3　漫射灯带的制作

步骤一：复制场景图层，并新建一个"灯带"图层，如图 2-10 命令。

图 2-10　新建图层

步骤二：使用多边形套索工具为场景图像灯带区域制作选区，点击鼠标右键，在弹出的对话框中选择【羽化】命令，并把【羽化半径】调整为5像素，如图2-11所示。

图2-11　制作灯带选区

步骤三：设置【画笔工具】：【硬度】为0，【笔尖大小】为125，【不透明度】为50%，【流量】为50%，对选定区域进行绘制，如图2-12所示。

图2-12　设置画笔

步骤四：将图层【不透明度】改为 88%，最后效果如图 2-13 所示。

图 2-13　更改图层不透明度

2.4　室内射灯光的制作

步骤一：为场景墙面增加射灯光照，如图 2-14 所示。

图 2-14　场景图

步骤二：将光源素材拖入场景文件中，如图 2-15 所示。

图 2-15　添加光源

步骤三：更改光源图层为【滤色】模式，过滤光源背景色，如图 2-16 所示。

图 2-16　滤色模式

步骤四：使用【橡皮擦】工具，调整合适的【不透明度】与【流量】，擦除光源四边锐利部分，使边缘更为柔和，并执行【Ctrl+T】命令把图像调整到合适比例与位置，如图 2-17 所示。

图 2-17　调整位置

步骤五：复制光源图册，并移动到场景中需要的位置，完成光源的制作，如图 2-18 所示。

图 2-18　最终效果

2.5　雾化效果的制作

步骤一：在背景图层上新建图层，使用【画笔工具】，选择柔和笔尖，调整笔尖大小与透明度，用白色在图像上涂抹出雾化区域，如图 2-19、图 2-20 所示。

图 2-19　新建图层

图 2-20　画笔绘制

步骤二：执行【滤镜】—【模糊】—【高斯模糊】命令，调整【半径】参数为 8 像素，如图 2-21 所示。

图 2-21　高斯模糊

步骤三：使用橡皮擦工具擦除多余的部分，调整图层透明度参数，最终效果如图 2-22 所示。

图 2-22　最终效果

2.6　分析图标的制作

在系统制作整套设计方案时需要用制作设计分析图来充实设计方案中的内容，这些分析图如功能分区图、交通流线图、视线分析图等，如图 2-23 所示。

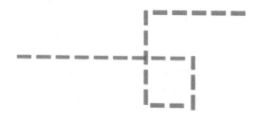

图 2-23　图标示例

步骤一：为画笔制作方形图标工具，选择画笔工具，在【编辑】—【预设】—【预设管理器】设置新的画笔笔头，如图 2-24 所示。

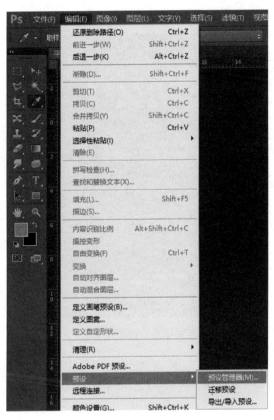

图 2-24　预设画笔

步骤二：点击图中红色框内图标，选择【方头画笔】替换当前画笔，如图 2-25 所示。

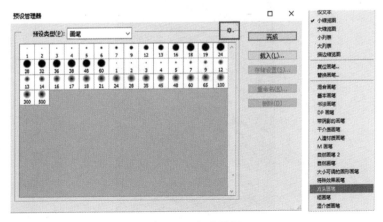

图 2-25　方头画笔

步骤三：点击画笔工具，在画笔菜单栏中点击【切换画笔面板】图标，选择合适方形笔头，在【画笔笔尖形状】中将【大小】设置为 30 像素，【圆度】调整为 30%，【间距】调整为 150%，如图 2-26 所示。

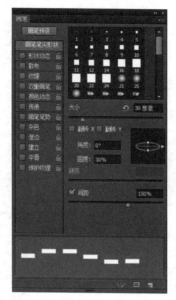

图 2-26　设置笔头

步骤四：将【形状动态】的角度抖动的【控制】选为【方向】，如图 2-27 所示。

图 2-27　动态调整

步骤五：在原始背景图上新建图层，将前景色改为图示需要的颜色，应用【钢笔】工具绘制出适合的路径，在路径上单击鼠标右键，选择【描边路径】，并在【工具】中选择【画笔】工具，点击确定，完成流线图的制作，如图 2-28、图 2-29 所示。

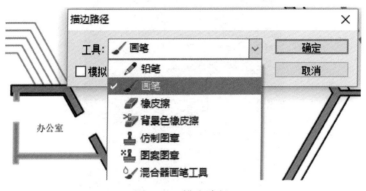

图 2-28　描边路径

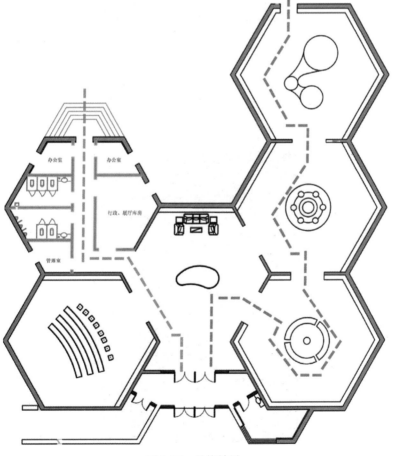

图 2-29　最终效果

步骤六：再次新建图层，此时可以关闭流线样式图层以方便制作新的分区图，如图 2-30 所示。

图 2-30　关闭图层

步骤七：应用多边形工具制作出合适的平面选区，并分别用油漆桶工具填充示意颜色，将图层【不透明度】设置为 50%，完成分区图块示意效果，如图 2-31、图 2-32 所示。

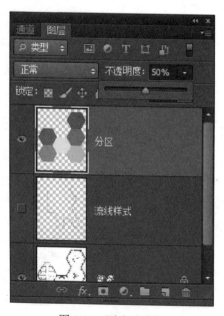

图 2-31　更改透明度

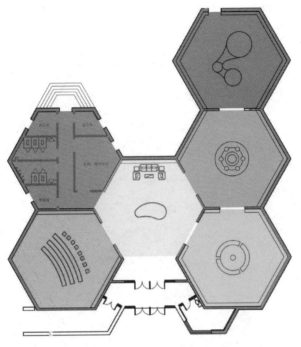

图 2-32 分区色块

步骤八：用文字工具为每个分区制作标题文字示意，如图 2-33 所示。

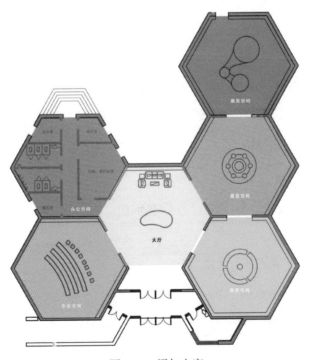

图 2-33 添加文字

步骤九：再次新建图层，用矩形选框工具对文字制作选区框，如图 2-34 所示。

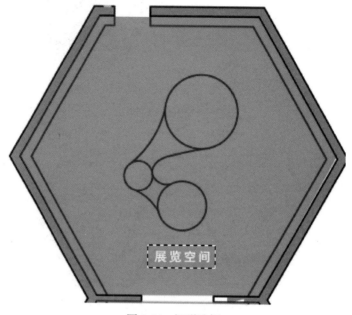

图 2-34　矩形选框

步骤十：点击【编辑】—【描边】调整【宽度】为 5 像素，颜色为白色，为文字框进行描边填充，如图 2-35 所示。

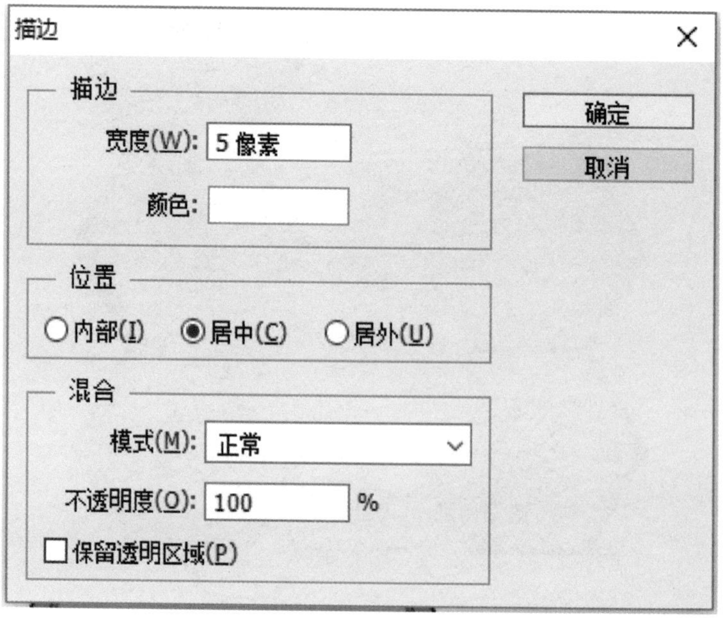

图 2-35　描边工具

步骤十一：依次为剩余的文字制作文字框，最后的效果如图 2-36 所示。

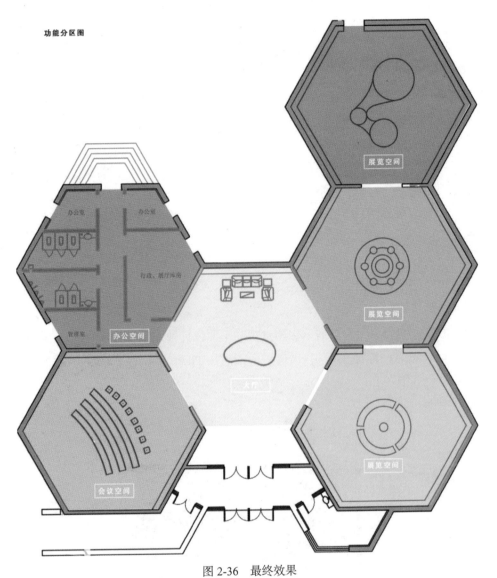

图 2-36 最终效果

第3章　环境设计效果图表现技法

关 键 词: 室内与景观效果图。

学习任务: 完成室内与景观的平面与空间效果图的后期制作,重点是理解思路但不拘泥于方法。

本章主要讲解 Photoshop 在效果图后期制作中的常用表现技法与技巧,通过室内平面图、景观平面图、室内效果图、景观效果图、实景拼接效果图的后期处理实例来介绍 Ps 工具的具体应用。

3.1　室内平面图的后期处理

在实际的设计案例中,为了展示更为直观的平面设计效果和设计的空间功能,同时更为形象的表达设计思路,常常在完成 CAD 平面图后用 Photoshop 对平面图进行材质、光色等后期润色处理,如图 3-1 所示。

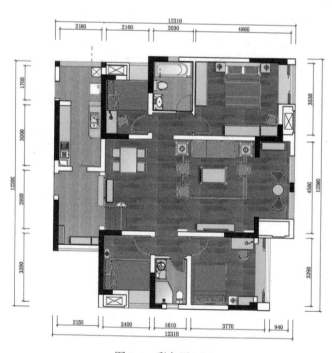

图 3-1　彩色平面图

步骤一：对 AutoCAD 进行打印出图的基础设置，打开已经制作好的一个平面图，在文件菜单中选择绘图仪管理器，在打开的文件中双击选择【添加绘图仪】，弹出【添加绘图仪】对话框，点击【下一步】选项按钮，在跳出的对话框中选择【我的电脑】并点击下一步，绘图仪型号保持默认，在下一步选项中为绘图仪添加名称，如图 3-2、图 3-3 所示。之后点击下一步完成绘图仪的设置。

图 3-2　添加绘图仪

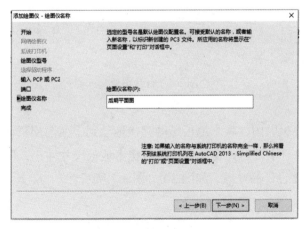

图 3-3　添加绘图仪名称

步骤二：在文件菜单中选择【打印】，并在打印对话框中选项选择设置好的打印机，图纸尺寸可以根据需要的大小自由设定，这里选择 A3 尺寸，框选打印文件，勾选打印到文件，并点击打印，如图 3-4 所示。打印文件以 EPS 格式保存。

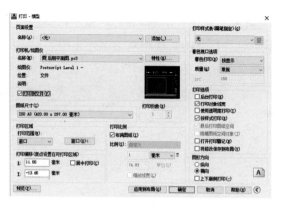

图 3-4　打印设置

步骤三：在 Ps 中打开刚才存储的 EPS 文件，执行【Ctrl+Shift+N】命令新建一层，并用油漆桶工具把新建层填充为白色，通过更改图层顺序，把新建层拖动到页面层最下层，按【Ctrl+U】键，打开【色相／饱和度】对话框，修改图像明度，把平面图改成黑色线框显示，如图 3-5 所示。

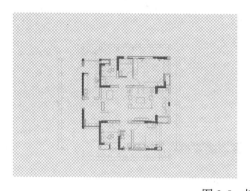

图 3-5　打开图像

步骤四：制作木地板贴图，将木地板贴图直接拖动到平面图层页面；由于木地板贴图尺寸较大，通过按【Ctrl+T】键自由变化框选项可将木地板尺寸缩小，并在同一图层拼合木地板贴图，使它可以覆盖设计的区域，如图 3-6、图 3-7 所示。

图 3-6　木地板贴图

图 3-7 木地板贴图区域

步骤五：选择平面图层，用魔棒工具选出需要铺设木地板的区域，进而转到木地板贴图层，选择反选命令并删除不需要的部分，得到木地板平面铺设效果，如图 3-8、图 3-9 所示。

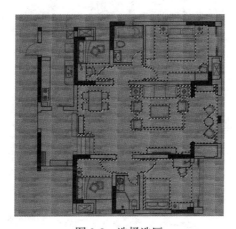

图 3-8 选择选区

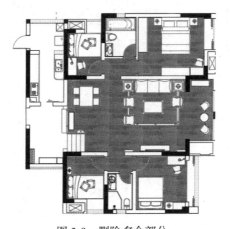

图 3-9 删除多余部分

步骤六：用地砖贴图使用同样的方法制作出平面图中的卫浴、厨房等区域，最后效果如图 3-10 所示。

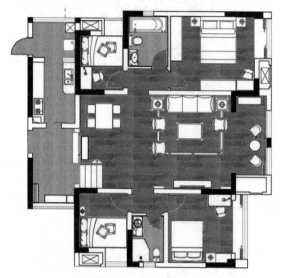

图 3-10　地砖铺设

步骤七：为平面图中的窗户填充颜色。选择平面图层，用【魔棒工具】选出窗户选区，用【油漆桶工具】把选区填充为蓝色玻璃色，并执行【Ctrl+Shift+J】命令，为窗户选区单独剪切制作一个图层方便以后修改，并把图层名称改为"窗户"，设置图层总体不透明度为 50%，如图 3-11 所示。

图 3-11　窗户图层

步骤八：为平面图的柜体填充颜色。选择平面图层，选出柜体选区，用【油漆桶工具】把选区填充为浅米色，并执行【Ctrl+Shift+J】命令，为柜体选区单独剪切制作一个图层，把图层名称改为"柜子"。双击"柜子图层"打开【图层样式】对话框，为柜子图层增加投影效果，如图 3-12 所示。

图 3-12　柜体效果

步骤九：用同样的方法为平面图中的床、沙发等家具填充颜色，也可以选择贴图来填充，最后的效果如图 3-13 所示。

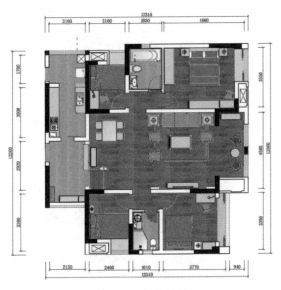

图 3-13　最终效果

3.2 景观平面图的后期处理

　　景观平面图是现今景观方案设计制作过程中必不可少的效果图，其由 AutoCAD 与 Photoshop 共同完成，在此基础上还可扩展出交通流线图、区域分析图、功能分区图等，如图 3-14 所示。

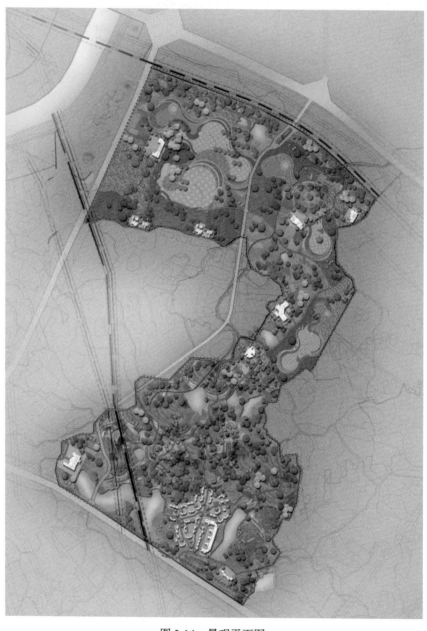

图 3-14　景观平面图

步骤一：打开已经制作好 CAD 平面图，首先为平面图制作绿地部分，用【魔棒工具】
选中需要制作的绿地，确定区域后，把制作好的素材填入区域中，如图 3-15、图 3-16 所示。

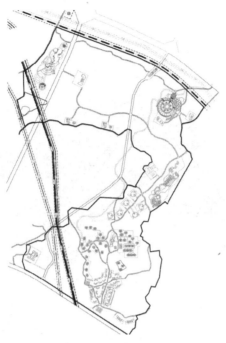

图 3-15 原始平面图

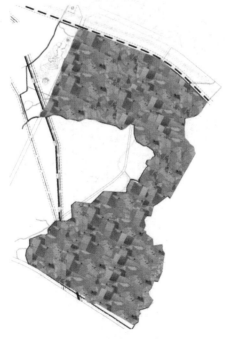

图 3-16 素材区域填充

步骤二: 在原始图层上用【魔棒工具】选出车行道路, 按【Ctrl+J】键复制一个图层, 命名为"路面", 保持该新建图层在绿地图层的上方, 用混凝土路面贴图进行道路填充, 得到路面效果, 如图 3-17 所示。

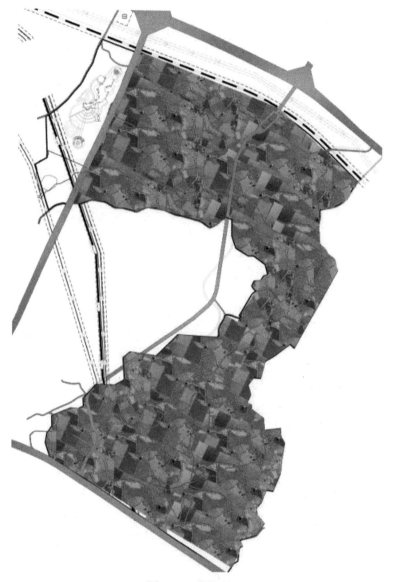

图 3-17　制作路面

步骤三: 用同样的方法在原始图层中选出水面区域, 新图层命名为"水面图层", 保持水面图层在绿地图层的上方, 用【画笔工具】调出蓝色填入水面图层, 并用【减淡工具】在水面涂抹出水面反光效果。双击水面图层调出【图层样式面板】, 为水面增加内阴影效果, 得到如图 3-18 所示的效果。

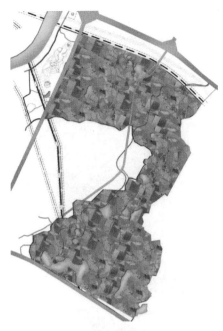

图 3-18 制作水面

步骤四：选中原始图层中的建筑群落区域，按【Ctrl+J】键复制图层并为此图层命名为"建筑"。选中建筑区域并填充相应的色彩。双击建筑图层打开【图层样式面板】，为建筑添加投影效果，得到如图 3-19 所示效果。

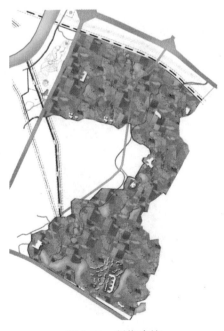

图 3-19 制作建筑

步骤五：用【魔棒工具】选中原始图层中广场区域及建筑物周边硬质铺装区域，新建图层后选择相应的素材填充此区域，如图 3-20 所示。

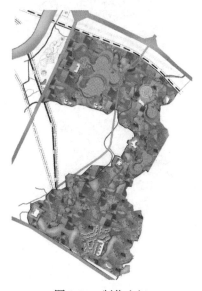

图 3-20　制作广场

步骤六：丰富平面效果，制作花卉平面，同样用【魔棒工具】在原始图层中选中 CAD 已经绘制好的区域，新建图层后命名为"花卉"，为此区域填充不同颜色的花卉平面效果，如图 3-21 所示。

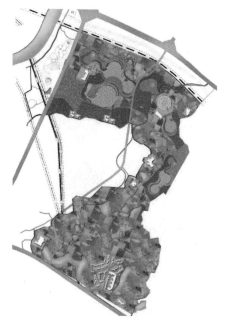

图 3-21　花卉平面

步骤七：调入乔木与灌木素材，根据景观效果与实际情况进行摆放，并注意图层顺序，如图 3-22 所示。

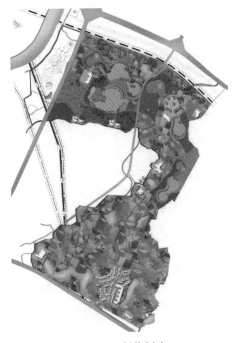

图 3-22　制作树木

步骤八：丰富植物效果。注意植物整体色彩关系、明暗及冷暖效果，如图 3-23 所示。

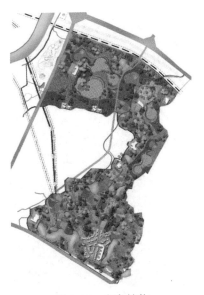

图 3-23　丰富植物

步骤九：此时的图面背景有一些单调，为了丰富周边效果，可以找一张相似效果的 CAD 底图拖入原始图层中，调整到合适的比例后拖动图层顺序，放入最底层。再次新建图层命名为"草坪"，贴入草地效果后将草坪图层拖拽于 CAD 图层上方，并调整图层透明度为 50%，如图 3-24 所示。

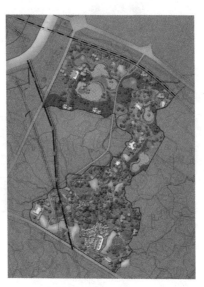

图 3-24　补充背景

步骤十：为平面图添加规划红线。用【多边形套索工具】勾勒出整体平面的红线范围，并新建一个图层，将此图层命名为"红线图层"，如图 3-25 所示。

图 3-25　添加规划红线

步骤十一：转到路径调板中，在对话框底部点击将选区变成工作路径。然后打开【画笔工具面板】，选择合适的画笔工具并调整画笔的大小与间距，将画笔调为红色，再在路径调板中底部选择用画笔描边路径，如图 3-26、图 3-27 所示。

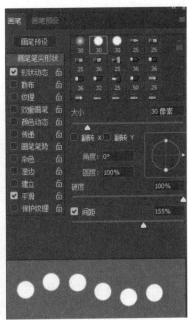

图 3-26　路径与画笔工具

图 3-27　画笔描边

步骤十二：为周边区域添加雾化效果，突出主体图像。新建图层并置于所有图层上方，命名为"雾化层"。选择【油漆桶工具】，颜色为白色，整体填充于图层。选择【橡皮擦工具】，调整合适的画笔大小和硬度，【不透明度】为50%，【流量】为50%，慢慢擦除白色填充图层。得到最终效果，执行【Ctrl+Shift+E】命令合并所有图层，最终效果如图3-28所示。

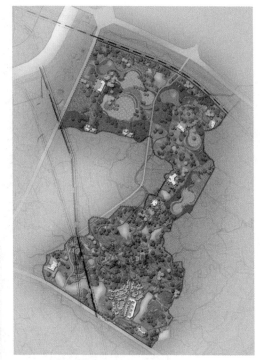

图 3-28　最终效果图

3.3　室内效果图的后期处理

一般情况下在3DMAX完成室内效果图的渲染之后，为了得到更为完美的图像效果，都会再用Ps对其进行一些后期的调整，在渲染出图的同时还需要渲染一张以色彩形式表达的通道图来配合后期制作，通道图应该与渲染图尺寸保持一致，渲染图与通道图在Ps中结合魔棒工具使用，可以轻松实现复杂区域的选取。

步骤一：在Photoshop中打开渲染好的效果图与通道图，如图3-29所示。

图 3-29　渲染图与通道

步骤二: 按住【Shift】键拖动通道图层到渲染图层上使图像原位覆盖,复制一层"渲染图层"作为副本,注意把"通道图层"拖拽到"副本图层"下方,如图 3-30 所示。

图 3-30　拖动图层

步骤三:对图像进行柔焦处理。执行【色相 / 饱和度】命令,【饱和度】参数为 +10,【明度】参数为 +6,执行【色阶】命令,参数为 15、1.00、255,如图 3-31 所示。

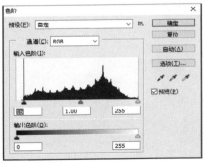

图 3-31　柔焦处理

步骤四：在"通道图层"中使用【魔棒工具】选择窗外景色，回到"渲染图副本"图层执行【Ctrl+J】命令，复制选区为单独图层，并将图层命名为"窗户"，如图 3-32 所示。

图 3-32　复制图层

步骤五：在 Photoshop 中再打开一张准备好的"室外景色"图像，对外景图像执行【Ctrl+A】、【Ctrl+C】命令，回到"渲染图层副本"，执行【Ctrl+Alt+Shift+V】命令进行蒙版粘贴命令。执行【Ctrl+T】命令将外景图像调整到合适的大小与透视位置，如图 3-33 所示。

图 3-33　添加外景

步骤六：在"通道图层"中选择顶面部分，转到"渲染图层副本"执行【Ctrl+J】命令，复制一个图层，并命名为"顶面"，如图 3-34 所示。

图 3-34　复制顶面

步骤七：选择"顶面"图层执行【色阶】命令。调整顶面的明暗关系，如图 3-35 所示。

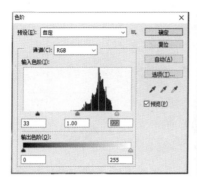

图 3-35　顶面色阶

步骤八：用同样的方法复制"绿色墙面"图层，执行【Ctrl+M】曲线命令调整绿色墙面的明暗关系，如图 3-36 所示。

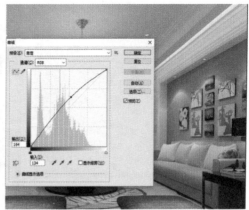

图 3-36　曲线调整

步骤九：制作灯罩发光效果。通过"通道图层"结合【Ctrl+J】命令新建"灯罩图层"，双击"灯罩图层"打开图层样式对话框，勾选【外发光】选项，在【结构】选项框中设置【混合模式】为滤色,【不透明度】参数为 48, 在【图案】选项框中设置【扩展】为 35,【大小】为 250, 在【品质】选项框设置【范围】为 100,【抖动】为 0, 得到发光效果, 如图 3-37 所示。

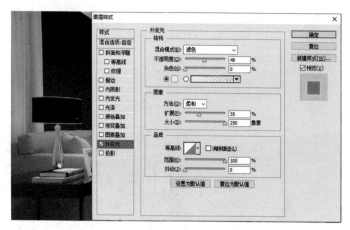

图 3-37　发光灯罩

步骤十：调整图像的整体亮度和对比度。点击图层调板下的【创建新的填充或调整图层】选择【亮度 / 饱和度】选项，设置【亮度】为 -3,【对比度】为 65, 如图 3-38 所示。

图 3-38　创建调整图层

步骤十一：调整画面整体饱和度。点击【创建新的填充或调整图层】,选择【色相 / 饱和度】
选项，设置【饱和度】参数为 +12，如图 3-39 所示。

图 3-39 色相 / 饱和度图层

步骤十二：合并所有图层并执行【滤镜】—【锐化】功能，提升整体图像锐度。完成室
内效果图的制作，如图 3-40 所示。

图 3-40 最终效果

3.4　景观效果图的后期处理

景观效果图的意义在于展现景观空间设计环境的效果与氛围，通过二维的照片图像的抠图与重新组合，将设计思路更为艺术化的展现出来。Ps 景观后期效果图是补充三维渲染软件渲染出图后的一种常用工具，具有快速、灵活、便捷的处理优势。

步骤一：打开已经制作好的渲染图，同时打开渲染的通道图片，按住【Shift】键的同时把通道图片直接拖拽到渲染图上，进行图层原位叠加，如图 3-41 所示。

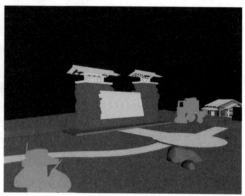

图 3-41　渲染图

步骤二：使用【魔棒工具】配合【通道图层】把渲染图背景与地面删除，如图 3-42 所示。

图 3-42　删除背景

步骤三：找一张与渲染图透视相匹配的景观照片进行抠图处理，得到远景天空和山林，将其拖入背景中，如图3-43所示。

图3-43 添加天空和山林

步骤四：丰富渲染图远景景观层次，为图像继续添加景观树丛，如图3-44所示。

图3-44 丰富远景

　　步骤五：丰富景观植物，为图像添加中景植物，依据近实远虚和冷暖的艺术关系，调整中景植物明度和纯度，同时注意调整它的大小与比例关系，进一步丰富景观层次，如图 3-45 所示。

图 3-45　增加景观植物

　　步骤六：此时背景还是过亮。新建一层，用【多边形选区工具】为背景创建自由选区，并执行【羽化命令】，【像素】为 5。再利用画笔工具，【颜色】设置为白色，【不透明度】设置为 35，【流量】设置为 3，在选区内画出云雾效果，注意调整图层的顺序，如图 3-46 所示。

图 3-46　模糊背景

步骤七：为图像添加地面，调入合适的素材添加至场景中，并进行色相的调整使之与图像色调一致，如图 3-47 所示。

图 3-47 添加地面

步骤八：为图像中的建筑添加茅草屋顶，丰富建筑细节，如图 3-48 所示。

图 3-48 丰富屋顶

步骤九：为图像前景景观小品提升亮度，丰富图像明暗关系，并调入建筑构筑物立面绿植和地面石头素材进入前景，如图 3-49 所示。

图 3-49　增加细节

步骤十：继续完善图像中的人物，并为人物添加投影，注意人物比例关系以及投影的方向要一致，如图 3-50 所示。

图 3-50　添加人物

步骤十一：为图像近景地面添加暗影，增强画面对比度，如图 3-51 所示。

图 3-51　增加暗影

步骤十二：最后对图像整体色相进行调整，最后效果如图 3-52 所示。

图 3-52　最终效果

3.5 实景拼接效果图的后期处理

在实际的效果图制作中，为了使图像更加接近真实的场景气氛，常常会通过真实的空间照片进行后期的效果图制作。在制作的过程中需要设计师结合照片的透视与色彩关系调整新加入的后期素材，完成效果图的制作，如图 3-53 所示。

图 3-53　照片拼接

步骤一：在 Photoshop 中打开在实际现场拍摄的照片，如图 3-54 所示。

图 3-54　现场照片

步骤二：打开在 3DMAX 中依据此照片的透视渲染好的景观小品，并拖动到照片图层中，如图 3-55 所示。

图 3-55　景观小品

步骤三：为景观小品周边添加植物素材，选择合适的植物素材添加至图像中，调整其大小比例后放入合适的位置，如图 3-56 所示。

图 3-56　添加植物

步骤四：修饰景观小品与地面草地的衔接关系，用【多边形套索工具】勾勒出周边地面的区域，执行【Ctrl+J】命令复制一层并调整图层顺序至小品上方，使用【橡皮擦工具】，调整【不透明度】为 55%，【流量】为 50%，擦除衔接位置，使图像柔和过渡，如图 3-57 所示。

图 3-57　修饰边缘

步骤五：完善植物的配置，将合适的花草素材调入图像中，放置在小品的合适位置，如图 3-58 所示。

图 3-58　完善花草

步骤六：添加前景树效果，复制一层，降低明度与透明度，做出阴影效果，调整出合适的位置关系，如图 3-59 所示。

图 3-59　添加前景

　　步骤七：为景观小品添加文字雕刻，使用【文字工具】在合适的位置输入文字后，双击文字图层调出【图层样式面板】，选择【斜面浮雕工具】，制作出"文字浮雕效果"，如图 3-60所示。

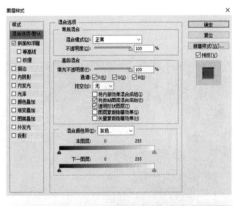

图 3-60　文字雕刻

步骤八：添加人物。把准备好的人物素材，拖入场景的合适位置，执行【Ctrl+J】命令复制一层，降低明度与透明度，通过自由变换工具调整至合适比例，如图 3-61 所示。

图 3 -61　添加人物

步骤九：按【C】键调出裁剪工具，裁剪掉不需要的部分，并按【Ctrl+Shift+E】键合并所有图层，最终效果如图 3-62 所示。

图 3-62　最终效果

附录 Photoshop CS6 常用快捷键

1.工具箱（多种工具共用一个快捷键时可同时按【Shift】加此快捷键选取）

矩形、椭圆选框工具　　【M】

裁剪工具　【C】

移动工具　【V】

套索、多边形套索、磁性套索　【L】

魔棒工具　【W】

喷枪工具　【J】

画笔工具　【B】

橡皮图章、图案图章　【S】

历史记录画笔工具　【Y】

橡皮擦工具　【E】

铅笔、直线工具　【N】

模糊、锐化、涂抹工具　【R】

减淡、加深、海绵工具　【O】

钢笔、自由钢笔、磁性钢笔　【P】

添加锚点工具　【+】

删除锚点工具　【-】

直接选取工具　【A】

文字、文字蒙板、直排文字、直排文字蒙板　【T】

度量工具　【U】

直线渐变、径向渐变、对称渐变、角度渐变、菱形渐变　【G】

油漆桶工具　【K】

吸管、颜色取样器　【I】

抓手工具　【H】

缩放工具　【Z】

默认前景色和背景色　【D】

切换前景色和背景色　【X】

切换标准模式和快速蒙板模式　【Q】

标准屏幕模式、带有菜单栏的全屏模式、全屏模式　【F】

临时使用移动工具　【Ctrl】

临时使用吸色工具　【Alt】

临时使用抓手工具 【空格】

打开工具选项面板 【Enter】

快速输入工具选项（当前工具选项面板中至少有一个可调节数字） 【0】至【9】

循环选择画笔 【 [】或【] 】

选择第一个画笔 【Shift+[】

选择最后一个画笔 【Shift+] 】

建立新渐变（在"渐变编辑器"中） 【Ctrl+N】

2. 文件操作（经常使用的快捷键）

新建图形文件 【Ctrl+N】

用默认设置创建新文件 【Ctrl+Alt+N】

打开已有的图像 【Ctrl+O】

打开为 ... 【Ctrl+Alt+O】

关闭当前图像 【Ctrl+W】

保存当前图像 【Ctrl+S】

另存为 ... 【Ctrl+Shift+S】

存储副本 【Ctrl+Alt+S】

页面设置 【Ctrl+Shift+P】

打印 【Ctrl+P】

打开"预置"对话框 【Ctrl+K】

显示最后一次显示的"预置"对话框 【Alt+Ctrl+K】

设置"常规"选项（在"预置"对话框中） 【Ctrl+1】

设置"存储文件"（在"预置"对话框中） 【Ctrl+2】

设置"显示和光标"（在"预置"对话框中） 【Ctrl+3】

设置"透明区域与色域"（在"预置"对话框中） 【Ctrl+4】

设置"单位与标尺"（在"预置"对话框中） 【Ctrl+5】

设置"参考线与网格"（在"预置"对话框中） 【Ctrl+6】

外发光效果（在"效果"对话框中） 【Ctrl+3】

内发光效果（在"效果"对话框中） 【Ctrl+4】

斜面和浮雕效果（在"效果"对话框中） 【Ctrl+5】

3. 图层混合模式（建议进阶时常用）

循环选择混合模式 【Alt】+【 – 】或【 + 】

正常 【Ctrl+Alt+N】

阈值（位图模式） 【Ctrl+Alt+L】

溶解 【Ctrl+Alt+I】

背后　　【Ctrl+Alt+Q】

清除　　【Ctrl+Alt+R】

正片叠底　　【Ctrl+Alt+M】

屏幕　　【Ctrl+Alt+S】

叠加　　【Ctrl+Alt+O】

柔光　　【Ctrl+Alt+F】

强光　　【Ctrl+Alt+H】

颜色减淡　　【Ctrl+Alt+D】

颜色加深　　【Ctrl+Alt+B】

变暗　　【Ctrl+Alt+K】

变亮　　【Ctrl+Alt+G】

差值　　【Ctrl+Alt+E】

排除　　【Ctrl+Alt+X】

色相　　【Ctrl+Alt+U】

参考文献

[1] 李金明，李金荣 . Photoshop CS6 完全自学教程 [M]. 北京：人民邮电出版社，2012.

[2] 查欣 . 中文版 Photoshop 室外效果图后期处理技法剖析 [M]. 北京：清华大学出版社，2017.

[3] 郭舜，张超，夏建红 . Photoshop 效果图后期处理制作 [M]. 厦门：厦门大学出版社，2016.